# 5分鐘煮好麵

炒麵、湯麵、涼麵、沾麵，只用基本調味料、簡單食材，料理新手、忙碌工作者都能快速變出低鹽、少熱量、美味又實惠的一餐

市瀨悅子 著

連雪雅 譯

## ◎冷凍烏龍麵

本書是用 1 塊 180g、水煮時間 1 分鐘的烏龍麵，也可微波加熱。各位可使用喜歡的烏龍麵，像是讚岐或稻庭等。

# 前言

煮好的麵放上一顆蛋或炸麵球……這樣就滿足了嗎？但是真的很好吃，所以沒關係！在我家，趕著解決一餐時也會做「炸麵球溫泉蛋蕎麥麵」（請參閱P14）之類的料理，夏天的時候也經常做中式涼麵來吃。食材或配料用冰箱裡現有的肉或蔬菜就可以了。回想起小時候，週六中午全家人一起吃的炒麵，雖然不是豪華大餐，但也不是隨便做做。在這本書裡，我也為大家準備了許多簡單又美味的麵料理。

的確，泡麵好吃又方便，但吃太多對身體難免有負擔。假如用和煮泡麵差不多的時間就能做出美味的麵料理該有多好，這個想法促成了本書的誕生。在居家辦公普及的疫情時代，不少人都會煩惱每天午餐該吃什麼，而這本書應該就是適合這個時候。

## ◎油麵

中式熟麵。本書是用 1 塊 150g、微波加熱約 30 秒後撥鬆的油麵。書中也有不加熱、直接使用的料理。

## ◎麵線

本書是用 1 束 50g、水煮時間 1 分 30 秒～2 分鐘的麵線，也可使用冷麥麵。

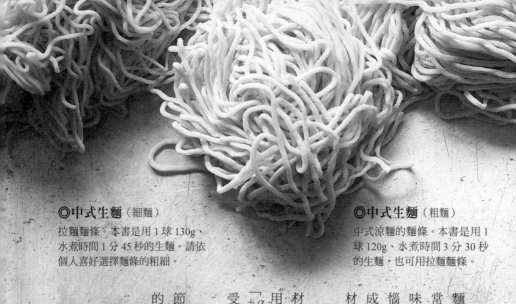

## ◎中式生麵（細麵）

拉麵麵條。本書是用 1 球 130g、水煮時間 1 分 45 秒的生麵。請依個人喜好選擇麵條的粗細。

## ◎中式生麵（粗麵）

中式涼麵的麵條。本書是用 1 球 120g、水煮時間 3 分 30 秒的生麵，也可用拉麵麵條。

雖然只使用基本調味料，但書中的麵料理變化多元，滋味豐富。如果常常覺得烏龍麵或麵線老是吃一樣的口味……在這本書裡也解決了這樣的煩惱。書中的料理都是短時間就能完成，大多使用罐頭或手邊現有的食材，盡可能做到省時省事。

此外，書中也標示了可代用的食材，請輕鬆嘗試搭配，活用冰箱裡沒用完的材料。若想稍做變化，請參考「+α」建議的配料，同一道料理也能享受不同的味道。

總而言之，麵真的好好吃！無論季節變換，希望各位都能享用簡單美味的麵料理。

市瀨悅子

## ◎冷凍蕎麥麵

本書是用 1 塊 180g、水煮時間 1 分鐘的蕎麥麵，也可微波加熱。冷凍麵方便好用，但乾麵也 OK。

# 關於本書的「基本調味料」

本書是將多數家庭常備的 8 種調味料作為「基本調味料」。每道料理都充分發揮食材的鮮味或只添加少許辣味，創造出各種風味。而且，不必使用昂貴的調味料，利用平時常用的即可。

## ◎醬油

本書是用有機醬油，各位也可使用平時慣用的產品。

## ◎鹽

本書是用精製鹽，也可使用粗鹽或岩鹽，但這兩種鹽的鹹味較溫和，請斟酌調整分量。另外，使用「或是」（或是）的代用食材時，味道難免會有差異，請斟酌調整鹽量。

## ◎味噌

本書是用信州味噌（鹽分約12％），各位也可使用喜歡的產品。因為各商品的風味有異，請適度調整分量。

## 〔使用基本調味料的好處〕

### ① 馬上就能做好！

不必準備特殊的調味料，使用家中現有物品就能快速完成。而且，組合無限多，即使是平時用的調味料也能創造出各種滋味，讓你吃不膩。

### ② 健康低負擔

只使用最少量的調味料，鹽分（鈉含量）與熱量都比市售泡麵低。因為是用熟悉的調味料製作，吃了較安心。

### ③ 不需要鰹魚露

以基本調味料的組合調味，根本用不上鰹魚露。鰹魚露固然方便，但缺點是開封後的保存期限較短，味道也容易變得單調。本書的料理只要運用手邊的調味料就能享受豐富多樣的味道。

◎酒

可用一般的酒，但最好是用日本酒。

◎味醂

若有本味醂*，可使用喜歡的產品。類似的「味醂風調味料」會改變料理的風味。

◎醋

本書是用米醋，穀物醋的酸味略重。

◎砂糖

本書是用上白糖，也可使用二砂糖，平時慣用的產品也可以。

◎胡椒

本書是將黑胡椒與白胡椒研磨後使用，也可使用粗磨胡椒或胡椒粉。

＊ 譯註：「本味醂」主原料只有米、麴和酒精，以傳統製法釀造。「味醂風調味料」是用糖和其他化學添加物調和成味醂的味道。

# 關於「高湯」

材料中的「高湯」是用昆布和柴魚片熬煮而成。也可使用市售品，有時間的話，請試著自己熬煮（作法請參閱左頁）。中式料理與西式料理是用顆粒高湯粉。

## ◎雞湯粉（顆粒）

以鮮雞精華為基底的高湯粉，本書是用未添加化學調味料的產品，主要用於中式料理的調味。

## ◎高湯粉（顆粒）

濃縮了肉或香味蔬菜鮮味的高湯粉，別名「清湯（consomme）」。使用高湯塊時，2小匙湯粉相當於1塊。

## ◎昆布

使用手邊現有熬高湯用的昆布材料即可，像是利尻昆布或日高昆布等。

## ◎柴魚片

熬煮高湯時，請使用小包裝的碎柴魚片。

## 關於「辛辣調味料」

本書除了基本調味料，也使用辣椒、豆瓣醬、辣油、一味辣椒粉等辛辣調味料提味點綴。不太能吃辣的人或是和小朋友共食的話，請斟酌調整辣味分量。

## 關於其他食材

• 橄欖油或麻油等油品也可用來當拌麵的調味料或醬汁。

• 關於淋醬、沾醬的豆漿最好是用原味豆漿，也可使用含糖豆漿。牛奶是用一般牛奶。

## 關於麵條的瀝水

其實，只要網篩瀝水並不夠，請用手出力按壓，徹底瀝乾水分。麵條若殘留水分，口感會不佳且味道會變淡，請務必瀝乾。

## 本書的使用方法

• 材料為2人份。若1人食用可將材料減半。

• 烹調時間的「5分鐘」為參考，計算是從麵或配料開始加熱至完成，不包含切蔬菜等備料的時間。

• 蔬菜的分量包含皮或種子等。另外，清洗、去皮等基本備料已事先完成。

• 本書使用600W的微波爐。

• 本書使用日本國產檸檬。

• 1大匙是15毫升、1小匙是5毫升，一小撮是指3根手指抓起的分量。

① 用網篩撈起煮好的麵，置於調理碗內，泡冷水降溫。

② 大略變涼後，用手搓洗表面的黏滑澱粉。

③ 待麵條變冷，即停止泡冷水，以手用力按壓，瀝乾水分。

## 高湯的熬煮方式

❶ 將1～2片10×5公分的高湯昆布用擰乾的濕廚房紙巾擦除表面髒污。放入鍋中，加1200毫升的水，靜置約30分鐘。

❷ 以小火加熱，冒出小氣泡後，取出昆布。

❸ 接著轉大火，快煮滾之前倒入20公克的柴魚片，立刻轉小火，用調理筷把柴魚片往下壓，煮約1分鐘。關火，靜置一會兒，讓柴魚片沉至鍋底。

❹ 倒入鋪有廚房紙巾的網篩內過濾。

※可煮出約1000毫升的高湯。冷卻後倒入保存容器，冷藏可放3天左右，冷凍可放3週左右。

本書的料理從開始加熱至完成約 5 分鐘。在此介紹的食材或器具對料理很有幫助，建議可常備於家中。

point
1

## 使用可在短時間熟透的肉類

絞肉或火鍋肉片加熱後很快會熟透，可大幅縮短烹調時間。使用雞腿肉等大塊的肉類時，可切成小塊較易煮熟。

point
2

## 常備雞胸肉超好用

用微波爐就能做的方便雞胸肉，趁有空的時候先做好保存，隨時都能用，減少加熱肉的時間。冷藏約可保存 4 天。將 100g 的雞柳撒上一小撮鹽、淋 1/2 大匙的酒，微波加熱約 1 分 40 秒，可當作替代品。

① 將一塊帶皮雞胸肉（250 公克）皮朝下放入耐熱盤，在肉的表面撒上¼小匙的鹽，搓揉後置於室溫下約15分鐘。

② 淋 1 大匙的酒，輕輕覆蓋保鮮膜，微波加熱約 2 分鐘。翻面後，再微波加熱約 2 分鐘，不拿掉保鮮膜，靜置約15分鐘，利用餘溫燜熟雞肉後放涼。

③ 雞皮朝上，連同湯汁一起移入保存容器，用保鮮膜緊貼表面，蓋上蓋子。

＊ 2 人份的麵是用½塊。

＊ 請使用厚度 3 公分以內的雞胸肉。

point
3

利用罐頭或加工食品
縮短加熱時間

香腸或培根、鮪魚罐頭、鯖魚罐頭等都是處理過的食品，可縮短加熱時間。而且，各有獨特的鮮味，能夠讓麵變得更好吃。

point
4

統合味道的
神隊友食材

韓式泡菜或醃梅、鹽昆布、紅紫蘇香鬆等已調味可直接使用的食材，即使調味料用得不多也很夠味，可縮短烹調時間，還能用來提味點綴，真的很方便。

point
5

用平底鍋燜煎
方便收拾

書中有些料理，只要把所有材料放進平底鍋，蓋上鍋蓋加熱即可，如P30的「紅椒肉末醬油炒麵」，是製作與收拾都方便的省時妙技。

# 簡單好滋味
## 釜玉烏龍麵

快速完成又好吃的麵莫過於這道！把材料放在煮好的烏龍麵上即可。雖然簡單，味道卻超讚的組合。請自由搭配喜歡的配料。

**〔材料與事前準備〕** 2人份

冷凍烏龍麵…2塊　**或是** 冷凍蕎麥麵2塊

蛋黃…2顆　**或是** 溫泉蛋2顆

柴魚片、青蔥花、海苔絲
　…各適量

醬油…2大匙

**1**　煮一大鍋滾水，烏龍麵下鍋，依包裝標示的時間烹煮。用網篩撈起，瀝乾水分。

**2**　將烏龍麵盛入容器，擺上蛋黃、柴魚片、青蔥花、海苔絲，淋上醬油即完成。

**+α**

最後撒些**白芝麻**或**起司粉**也很好吃喔！

## 炸麵球溫泉蛋蕎麥麵

只要有炸麵球，滿足度大提升！加些辣味也很好吃。

〔**材料與事前準備**〕2 人份

冷凍蕎麥麵 … 2 塊　　**或是➡** 冷凍烏龍麵 2 塊

溫泉蛋 … 2 顆　　**或是** 蛋黃 2 顆

炸麵球 … 6 大匙

蘿蔔嬰 … 適量

　　▶切除根部

醬油 … 2 大匙

*1* 煮一大鍋滾水，蕎麥麵下鍋，依包裝標示的時間烹煮。用網篩撈起，瀝乾水分。

*2* 將蕎麥麵盛入容器，擺上炸麵球、溫泉蛋、蘿蔔嬰，淋上醬油即完成。

**+α**

最後撒些**一味辣椒粉**或**七味辣椒粉**也很好吃喔！

製作溫泉蛋時，在直徑約 18cm 的鍋內倒 800㎖ 的水，以大火煮滾。接著關火，加 150㎖ 的水，把從冰箱取出的 2 顆蛋放入湯杓輕輕下鍋，立刻蓋上鍋蓋，靜置約 15 分鐘即完成。　**14**

荷包蛋沙拉涼麵

擺著可愛荷包蛋的簡單健康涼麵。

〔 **材料與事前準備** 〕2 人份

中式生麵（粗麵）… 2 球　**或是** 冷凍烏龍麵 2 塊

蛋 … 2 顆

維也納香腸 … 3 條　**或是** 培根 3 片（寬 2cm）
▶ 斜切成薄片

貝比生菜 … 40g　**或是** 萵苣 2 ～ 3 片（切成一口大小）

A 醬油 … 2 大匙

　 醋 … 2 大匙

　 水 … 2 大匙

　 砂糖 … 1 大匙

　 麻油 … 1 大匙
▶ 混合拌勻

沙拉油 … 1 大匙

鹽、粗磨黑胡椒 … 各少許

（側欄）醬油　醋　砂糖　鹽　胡椒

**+α**

最後擠些**美乃滋**也很好吃喔！

*1* 煮一大鍋滾水，生麵下鍋，依包裝標示的時間烹煮。用網篩撈起，瀝乾水分。

*2* 在平底鍋內倒沙拉油，以中大火加熱，打入蛋，撒些鹽和粗磨黑胡椒調味，煎至喜歡的熟度。把斜切薄片的維也納香腸放在鍋內空出來的地方拌炒。

*3* 將麵條盛入容器，擺上貝比生菜、維也納香腸、荷包蛋，淋上 A 即完成。

# 涮豬肉蔬菜拌麵

豬肉飽嘴有嚼勁，
檸檬讓味道變得清爽。
因為加了許多蔬菜，
感覺像在吃沙拉。

**〔 材料與事前準備 〕** 2 人份

中式生麵（粗麵）… 2 球　　**或是** 冷凍烏龍麵 2 塊

豬里肌火鍋肉片 … 120g　　**或是** P10 的常備雞胸肉 1/2 塊（切成薄片）

皺葉萵苣 … 4 小片（50g）　　**或是** 萵苣 2～3 片（撕成一口大小）／貝比生菜 50g

　　▶ 撕成一口大小

紫洋蔥 … 1/8 個　　**或是** 洋蔥 1/8 個

　　▶ 切成薄片

**A** 橄欖油 … 3 大匙

　　醬油 … 2 大匙

　　檸檬汁 … 1/2 大匙

檸檬（切成半月形塊狀）… 適量

*1* 煮一大鍋滾水，豬肉片下鍋，以小火煮至變色，用網篩撈起、放涼。接著轉大火，生麵下鍋，依包裝標示的時間烹煮。用網篩撈起，泡冷水搓洗並瀝乾水分。

*2* 在調理碗內倒入 **A** 混合拌勻，再加入麵條、豬肉片、皺葉萵苣、紫洋蔥混拌。

*3* 盛入容器，旁邊放上檸檬，擠汁後享用。

+α

將切成適口大小的**卡門貝爾起司**或**莫札瑞拉起司**加進作法 *2* 裡也很好吃喔！

涮豬肉醃梅黃瓜麵線

小黃瓜泥帶來無比清爽的餘味。

〔**材料與事前準備**〕2 人份

麵線 … 3 束　**或是** 冷凍烏龍麵 2 塊

豬里肌火鍋肉片 … 120g

小黃瓜 … 2 條
　▶ 磨成泥

醃梅 … 2 個（30g）

**A** 冷高湯 … 250㎖
　醬油 … 1 大匙
　砂糖 … 1/2 小匙
　鹽 … 1/2 小匙
　▶ 混合拌勻

醬油

砂糖

鹽

*1* 煮一大鍋滾水，豬肉片下鍋，以小火煮至變色，用網篩撈起、放涼。接著轉大火，麵線下鍋，依包裝標示的時間烹煮。用網篩撈起，泡冷水搓洗並瀝乾水分。

*2* 將麵線盛入容器，擺上豬肉片、黃瓜泥、醃梅，淋上 **A** 即完成。

+*α*

最後撒些**白芝麻**
也很好吃喔！

本書是使用鹽分 15% 的醃梅，鹽的分量請依醃梅的鹹度調整。

# 高麗菜豬肉炒麵線

只用醬油加麻油竟創造出如此濃郁的滋味。

**〔材料與事前準備〕** 2 人份

麵線 … 3 束　　**或是▶** 冷凍烏龍麵 2 塊

豬肉片 … 150g

　　▶ 撒上少許的鹽和胡椒

高麗菜 … 2 片（100g）　**或是▶** 白菜 1～2 片

　　▶ 切成 8cm 長的細絲

洋蔥 … 1/2 個　　**或是▶** 喜歡的菇類 100g
　　　　　　　　　　（切成一口大小）

　　▶ 切成薄片

**A** 醬油 … 2 大匙

　 胡椒 … 少許

麻油 … 1/2 大匙

沙拉油 …… 1 小匙

**+α**

最後撒些**粗磨黑胡椒**或
**一味辣椒粉**，味道會更
融合！

*1*　煮一大鍋滾水，麵線下鍋，依包裝標示的時
間烹煮。用網篩撈起，泡冷水搓洗並瀝乾水
分後，拌裹麻油。

*2*　在平底鍋內倒沙拉油，以中火加熱，豬肉片
下鍋拌炒。炒至變色後，加高麗菜和洋蔥一
起炒，炒至蔬菜變軟，再加入麵線和 **A** 快速
翻炒。

# 豬肉泡菜豆香烏龍麵

吃了讓人活力滿分的健康烏龍麵。
豆漿香醇美味，
豐盛的一碗麵輕鬆完成！
放入市售的韓式泡菜，

〔**材料與事前準備**〕2 人份

冷凍烏龍麵…2 塊　[或是] 麵線 3 束

豬肉片…150g　[或是] 豬五花薄切肉片 150g
（切成 5cm 長）

糯米椒…8 根　[或是] 青椒 1 個（切絲）
甜椒 1/2 個（切絲）

▶ 用刀尖劃一刀

韓式泡菜（切塊）…80g

**A** 豆漿…250㎖

醬油…1 大匙

▶ 混合拌勻

沙拉油…1/2 大匙

醬油…1 小匙

辣油…適量

**1** 煮一大鍋滾水，烏龍麵下鍋，依包裝標示的時間烹煮。用網篩撈起，泡冷水搓洗並瀝乾水分。

**2** 在平底鍋內倒沙拉油，以中火加熱，豬肉片和糯米椒下鍋拌炒。炒至肉片變色，加入泡菜和醬油快速翻炒。

**3** 將烏龍麵盛入容器，擺上作法 *2*，倒入 **A**，淋些辣油。

**+α**

最後撒些**白芝麻**或**辣椒絲**也很好吃喔！

# 豬五花蔥段湯沾麵

豬五花的香醇油脂布滿湯汁，使整體味道變得濃郁。

醬油

味醂

## 〔材料與事前準備〕 2 人份

冷凍烏龍麵 … 2 塊　或是➡ 冷凍蕎麥麵 2 塊

豬五花薄切肉片 … 100g　或是➡ 豬肉片 100g

　▶ 切成 3cm 長

大蔥 … 1 根　或是➡ 洋蔥 1/2 個（切成薄片）

　▶ 斜切成 5mm 寬

**A** 高湯 … 300㎖

　│ 醬油 … 2 大匙

　│ 味醂 … 2 大匙

一味辣椒粉 … 適量

*1* 把 A 倒入鍋中混合拌勻，以大火煮滾後，放豬肉片和蔥段，轉中火煮約 2 分鐘。

*2* 另外煮一大鍋滾水，烏龍麵下鍋，依包裝標示的時間烹煮。用網篩撈起，泡冷水搓洗並瀝乾水分。

*3* 將烏龍麵盛入容器，另取一容器盛入作法 *1*，撒上一味辣椒粉，用烏龍麵沾取享用。

**+α**

將切成適口大小的**菇類**或**牛蒡**加進作法 *1* 裡也很好吃喔！

22

## 豬五花蕈菇酸辣湯麵

豬肉和菇類好鮮甜！以醋和辣油的分量調整酸度及辣度。

〔 **材料與事前準備** 〕2 人份

醬油

醋

中式生麵（細麵）… 2 球

豬五花薄切肉片 … 100g

▶ 切成 1cm 寬

金針菇 … 100g ┃或是┃鴻喜菇 100g

▶ 切除根部後，剝散

香菇 … 4 朵 ┃或是┃杏鮑菇 1 根（切成薄片）

▶ 切除菇柄後，切成薄片

蛋 … 1 顆

▶ 攪散成蛋液

**A** 水 … 700㎖

雞湯粉（顆粒）… 1 大匙

醋 … 3 大匙

醬油 … 2 又 1/2 大匙

麻油 … 少許

**B** 太白粉 … 2 小匙

水 … 4 小匙

▶ 混合攪溶

醋 … 1 大匙

辣油 … 適量

**1** 把 **A** 倒入鍋中混合拌勻，以大火煮滾後，放豬肉片、金針菇、香菇，轉中火煮約 3 分鐘。再加 **B** 混拌，稍微變稠後，依序加入蛋液、醋，快速翻拌。

**2** 另外煮一大鍋滾水，生麵下鍋，依包裝標示的時間烹煮。用網篩撈起，瀝乾水分。

**3** 將麵條盛入容器，淋上作法 **1**，再淋些辣油即完成。

**+α**

最後撒些**粗磨黑胡椒**，淋些**醋**也很好吃喔！

# 雞肉青菜淋汁蕎麥麵

生秋葵的風味清爽又新鮮！
蕎麥麵和青菜一起煮，
既省事，又可大幅減少烹調時間。
配料建議可加些海苔絲。

〔材料與事前準備〕2 人份

冷凍蕎麥麵 … 2 塊　或是→ 冷凍烏龍麵 2 塊
　　　　　　　　　　　　　麵線 3 束

常備雞胸肉（作法請參閱 P10）… 1/2 塊　或是→ 豬火鍋肉片 120g（水煮）

　▶ 切成薄片

小松菜 … 150g　或是→ 菠菜 150g

　▶ 切成 5cm 長

秋葵 … 2 根　或是→ 糯米椒 4 根

　▶ 切成薄片

A　冷高湯 … 400㎖

　醬油 … 2 大匙

　鹽 … 2/3 小匙

　砂糖 … 1/2 小匙

　▶ 混合拌勻

**1** 煮一大鍋滾水，蕎麥麵下鍋，依包裝標示的時間烹煮。快煮好前約 30 秒，放入小松菜略煮，一起用網篩撈起，泡冷水搓洗並瀝乾水分。

**2** 將作法 *1* 盛入容器，放上雞胸肉和秋葵，淋上 **A** 即完成。

**+α**

最後撒些**昆布絲**或**海苔絲**也很好吃喔！

只要有常備雞胸肉，三兩下就完成！加點辣味令人胃口大開。

## 〔材料與事前準備〕2 人份

中式生麵（粗麵）…2 球　　**或是**▶麵線 3 束

常備雞胸肉（作法請參閱 P10）… 1/2 塊　　**或是**▶豬火鍋肉片 120g（水煮）

　▶去皮，撕成適口大小

大蔥 … 1/2 根

　▶切成 5cm 長的細絲，泡冷水並瀝乾水分

香菜 … 1 小株

　▶切成 2cm 長

**A** 醬油 … 2 大匙

　水 … 2 大匙

　醋 … 1 大匙

　麻油 … 1 大匙

　砂糖 … 2 小匙

　辣油 … 1/2 小匙

　豆瓣醬 … 1/2 小匙

　蒜泥 … 少許

　▶混合拌勻

醬油

醋

砂糖

**1** 煮一大鍋滾水，生麵下鍋，依包裝標示的時間烹煮。用網篩撈起，泡冷水搓洗並瀝乾水分。

**2** 蔥絲和香菜混合拌勻。

**3** 將麵條盛入容器，放上雞胸肉和作法 *2*，淋上 **A** 即完成。

**+α**

作法 *1* 的麵條快煮好前約 30 秒，放入切成 5cm 長的**小松菜**或**菠菜**一起煮也很好吃，最後再淋些**辣油**提升辣度！

**26**

# 雞柳酪梨蘿蔔泥拌麵

酪梨和蘿蔔泥出乎意料的對味。

醬油

酒

鹽

**〔材料與事前準備〕** 2人份

中式生麵（粗麵）… 2 球　　**或是▶** 冷凍烏龍麵 2 塊

雞柳（無筋）… 2 條（100g）

　　**或是▶** P10 的常備雞胸肉 1/2 塊（撕開）
　　　　　豬火鍋肉片 120g（水煮）

酪梨 … 1 個

　　▶ 縱劃一圈，對半切開。用刀尖輕刺果核取
　　　出。去皮，用叉子稍微壓爛

蘿蔔 … 200g

　　▶ 磨成泥後，倒入網篩瀝乾水分

　　**或是▶** 小黃瓜 1 條（切片後撒鹽揉拌）

**A** 酒 … 1/2 大匙

　　鹽 … 1 小撮

**B** 醬油 … 2 大匙

　　麻油 … 2 大匙

　　山葵醬 … 2/3 小匙

　　▶ 混合拌勻

白芝麻 … 適量

**1** 在耐熱盤內放入雞柳、加 **A**，覆蓋保鮮膜，以微波加熱約 1 分 40 秒。不拿掉保鮮膜，利用餘熱燜熟雞肉，放涼後撕成適口大小。

**2** 煮一大鍋滾水，生麵下鍋，依包裝標示的時間烹煮。用網篩撈起，泡冷水搓洗並瀝乾水分。

**3** 將麵條盛入容器，放上雞肉、酪梨、蘿蔔泥，淋上 **B**、撒些白芝麻。

**+α**

最後擺上切成適口大小的**莫札瑞拉起司**也很好吃喔！

油拌雞柳水芹麵線

橄欖油和醬油為清爽的雞柳增添醇郁鮮味。

醬油

酒

鹽

**〔材料與事前準備〕** 2人份

麵線 … 3 束　　**或是**▶ 中式生麵（粗麵）2 球
　　　　　　　　　　 冷凍烏龍麵 2 塊

雞柳（無筋）… 2 條（100g）
　　　　　**或是**▶ P10 的常備雞胸肉 1/2 塊（撕開）
　　　　　　　　　 豬火鍋肉片 120g（水煮）

水芹 … 50g　**或是**▶ 萵苣 2～3 片（切絲）
　　　　　　　　　　 皺葉萵苣 1～2 片（切絲）
　　▶ 切成 3cm 長

**A** 酒 … 1/2 大匙
　┃ 鹽 … 1 小撮

**B** 橄欖油 … 2 大匙
　┃ 醬油 … 2 大匙
　　▶ 混合拌勻

烤海苔片 … 適量

**＋α**

最後撒些**白芝麻**或**一味辣椒粉**也很好吃喔！

**1** 在耐熱盤內放入雞柳、加 **A**，覆蓋保鮮膜，以微波加熱約 1 分 40 秒。不拿掉保鮮膜，利用餘熱燜熟雞肉，放涼後撕成適口大小。

**2** 煮一大鍋滾水，麵線下鍋，依包裝標示的時間烹煮。用網篩撈起，泡冷水搓洗並瀝乾水分。

**3** 將麵線、雞柳、水芹放進調理碗混拌，盛入容器，放上撕碎的烤海苔片，淋上 **B** 享用。

# 牛肉茄子釜玉烏龍麵

甜鹹的壽喜燒風味令人食指大動。

醬油

味醂

砂糖

〔**材料與事前準備**〕**2 人份**

冷凍烏龍麵 … 2 塊 　或是 麵線 3 束

牛肉片 … 150g

　或是 豬肉片 150g
　　　豬五花薄切肉片（切成 5cm 長）

茄子 … 1 條 　或是 大蔥 1 根（斜切成薄片）
　　　　　　　洋蔥 1/2 個（切成薄片）

　▶ 對半縱切後，斜切成 8mm 寬

蛋黃 … 2 顆 　或是 溫泉蛋 2 顆

**A** 高湯 … 150㎖

　味醂 … 3 大匙

　醬油 … 2 又 1/2 大匙

　砂糖 … 1/2 大匙

紅薑絲 … 適量

最後撒些**昆布絲**也很
好吃喔！

**1** 在平底鍋內倒入 **A** 混合拌勻，以中火煮滾
後，牛肉片和茄子下鍋煮約 3 分鐘，煮的
過程中要不時翻動以免黏鍋。

**2** 煮一大鍋滾水，烏龍麵下鍋，依包裝標示
的時間烹煮。用網篩撈起，瀝乾水分。

**3** 將烏龍麵盛入容器，淋上作法 *1*，擺上蛋
黃，放些紅薑絲。

# 紅椒肉末醬油炒麵

不是醬汁，而是醬油！
這個組合非常對味。
最後用黑胡椒統合整體的味道，
再以檸檬清爽提味。

〔 **材料與事前準備** 〕 2 人份

油麵 … 2 塊

豬絞肉 … 150g　**或是** ▶ 牛豬混合絞肉 150g

　　　▶ 加 3 大匙味醂、2 大匙醬油、少許粗磨黑胡椒混拌

紅椒 … 1/2 個　**或是** ▶ 青椒 1 個
　　　　　　　　　　洋蔥 1/4 個

　　　▶ 縱切成薄片

水 … 4 大匙

粗磨黑胡椒 … 少許

檸檬（對半橫切）… 適量

*1*　將油麵攤平擺入平底鍋，依序鋪放紅椒和絞肉，淋水後蓋上鍋蓋，以大火燜煎約 4 分鐘。

*2*　拿掉鍋蓋，拌炒約 1 分鐘至絞肉完全變色。

*3*　盛入容器，撒上粗磨黑胡椒。旁邊放上檸檬，擠汁後享用。

+α

將切成 5cm 長的**韭菜**或**青蔥**加進作法 **2** 裡，
最後撒些**起司粉**也很好吃喔！

　使用直徑 26cm 的平底鍋，油麵盡可能攤平，不要重疊。

香辣肉燥烏龍麵

這個肉燥淋在飯上也很好吃。以豆瓣醬的分量調整辣度。

醬油

味醂

砂糖

〔 材料與事前準備 〕2 人份

冷凍烏龍麵 … 2 塊　　或是 ▶ 麵線 3 束

雞絞肉 … 200g　　或是 ▶ 豬絞肉 200g

　▶ 加 2 大匙的醬油和味醂、1 大匙砂糖、1/2
　　小匙豆瓣醬混拌。

溫泉蛋 … 2 顆　　或是 ▶ 蛋黃 2 顆

大蔥（切成蔥花）… 適量

1 煮一大鍋滾水，烏龍麵下鍋，依包裝
標示的時間烹煮。用網篩撈起，瀝乾
水分。

2 在平底鍋內倒入絞肉，以中火加熱，
邊炒邊攪散。炒至變色後，加烏龍麵
拌炒。

3 盛入容器，擺上溫泉蛋和蔥花。

+α

最後撒些**海苔絲**也很好吃喔！

製作溫泉蛋時，在直徑約 18cm 的鍋內倒 800㎖的水，以大火煮滾。接著關火，加 150㎖的水，
把從冰箱取出的 2 顆蛋放入湯杓輕輕下鍋，立刻蓋上鍋蓋，靜置約 15 分鐘即完成。

# 火腿蕈菇奶油烏龍麵

豐郁濃醇的黃金組合！可使用其他加工肉品取代火腿

---

**〔 材料與事前準備 〕** 2 人份

冷凍烏龍麵 … 2 塊　**或是** 麵線 3 束

里肌火腿 … 3 片　**或是** 維也納香腸 3 條（斜切成薄片）
培根 3 片（切成 1cm 寬）

　▶ 切成 1cm 寬

洋蔥 … 1/2 個

　▶ 切成 1cm 厚的半月形塊狀

鴻喜菇 … 100g　**或是** 喜歡的菇類 100g
（切成一口大小）

　▶ 切除底部，分成小朵

**A** 醬油 … 1 又 1/2 大匙
　　砂糖 … 1 大匙
　　奶油 … 10g

沙拉油 … 1 大匙

奶油（依個人喜好斟酌）… 適量

左側標籤：醬油　砂糖

+α

最後撒些**粗磨黑胡椒**，
味道會更融合！

**1** 煮一大鍋滾水，烏龍麵下鍋，依包裝標示的時間烹煮。用網篩撈起，瀝乾水分。

**2** 在平底鍋內倒沙拉油，以中火加熱，洋蔥和鴻喜菇下鍋拌炒。炒至洋蔥變軟後，加火腿一起炒，再加烏龍麵和 **A** 快速翻炒。

**3** 盛入容器，擺上奶油即完成。

煎得香酥的培根是美味關鍵。

醬油

砂糖

胡椒

## 〔材料與事前準備〕2 人份

中式生麵（粗麵）… 2 球　或是▶ 麵線 3 束

培根塊 … 80g

　　▶ 切成 6cm 見方的條狀

萵苣 … 2 片（60g）　或是▶ 皺葉萵苣 2 片 / 小黃瓜 1/2 條

　　▶ 切成 6cm 長的細絲

水煮蛋 … 1 顆　或是▶ 番茄 1/2 個（切成半月形塊狀）

　　▶ 對半橫切

**A** 醬油 … 2 大匙

　　檸檬汁 … 2 大匙

　　水 … 2 大匙

　　砂糖 … 1 大匙

　　橄欖油 … 1 大匙

　　▶ 混合拌勻

起司粉、粗磨黑胡椒 … 各適量

**1** 煮一大鍋滾水，生麵下鍋，依包裝標示的時間烹煮。用網篩撈起，泡冷水搓洗並瀝乾水分。

**2** 在平底鍋內倒入培根，以中火加熱，炒至培根變得焦黃。

**3** 將麵條盛入容器，擺上萵苣、培根、水煮蛋，淋上 **A**、撒些起司粉和粗磨黑胡椒。

最後擠些**美乃滋**也很好吃喔！

半熟水煮蛋是將退冰至室溫的蛋與足以蓋過蛋的水量以鍋子加熱，煮滾後轉中小火煮約 7 分鐘。　　**34**

把蕎麥麵當成油麵炒也很美味喔！

# 奶油香腸玉米蕎麥麵

 醬油

味醂

鹽

**〔材料與事前準備〕** 2 人份

冷凍蕎麥麵 … 2 塊　**或是▶** 油麵 **2 塊**（不水煮，直接微波加熱後撥散）

維也納香腸 …… 4 條　**或是▶** 培根 **4 片**（切成 1cm 寬）
　　　　　　　　　　　　火腿 **4 片**（切成 1cm 寬）

　　▶ 切片

水煮玉米粒罐頭 … 1 罐（120g）　**或是▶** 綠蘆筍 **4 根**（斜切成薄片）

　　▶ 瀝掉湯汁

**A** 醬油 … 1 又 1/2 大匙

　 味醂 … 1 大匙

　 鹽 … 1 小撮

　　▶ 混合拌勻

奶油 … 15g

青蔥（切成蔥花）… 適量

**＋α**

最後撒些 **起司粉** 或 **粗磨黑胡椒**，再放點 **奶油** 也很好吃喔！

**1** 煮一大鍋滾水，蕎麥麵下鍋，依包裝標示的時間烹煮。用網篩撈起，泡冷水搓洗並瀝乾水分。

**2** 在平底鍋內放奶油，以中火加熱融化，維也納香腸和玉米粒下鍋拌炒，炒至焦黃。再加蕎麥麵和 **A** 快速翻炒。

**3** 盛入容器，撒上蔥花即完成。

# 鯖魚納豆麵線
# 拌檸香醬油

超澎湃的獨特配料，營養滿分。

最後淋上檸香醬油，

讓味道變得更爽口。

切成薄片的生糯米椒是

絕妙的點綴。

**〔材料與事前準備〕** 2 人份

麵線 … 3 束　或是▶ 中式生麵（粗麵）2 球

水煮鯖魚罐頭 …… 1 罐（200g）　或是▶ P10 的常備雞胸肉 1/2 塊（撕開）
　　　　　　　　　　　　　　　　　　　　鯖魚罐頭 2 罐（1 罐 70g，瀝掉湯汁）

　　▶ 瀝掉湯汁，稍微撥散

納豆（附醬汁包）… 2 盒（80g）

　　▶ 加醬汁混拌

糯米椒 … 8 根　或是▶ 秋葵 4 根（切成薄片）
　　　　　　　　　　　黃麻菜 40g（水煮後切碎）

　　▶ 切成薄片

**A** 醬油 … 1 又 1/2 大匙

　　檸檬汁 … 1 大匙

　　▶ 混合拌勻

檸檬（切成半月形塊狀）… 適量

**1**　煮一大鍋滾水，麵線下鍋，依包裝標
　　示的時間烹煮。用網篩撈起，泡冷水
　　搓洗並瀝乾水分。

**2**　將麵線盛入容器，擺上鯖魚、納豆、
　　糯米椒，淋上 **A**。旁邊放上檸檬，擠
　　汁後享用。

**+α**

最後淋些**辣油**，味道會更
融合，放些撕碎的**烤海苔**
也很好吃喔！

用生韭菜做的醬汁和麵條十分對味。

砂糖

**（ 材料與事前準備 ）** 2 人份

中式生麵（粗麵）… 2 球 　**或是**▶ 麵線 3 束

水煮鯖魚罐頭……1 罐（200g）　**或是**▶ 豬火鍋肉片 120g（水煮）

　　▶ 瀝掉湯汁，稍微撥散

韭菜 … 50g

　　▶ 切成 5mm 寬

韓式泡菜（切塊）… 60g

**A** 醬油 … 1 又 1/2 大匙

　 麻油 … 1 大匙

　 砂糖 … 1/2 大匙

*1* 煮一大鍋滾水，生麵下鍋，依包裝標示的時間烹煮。用網篩撈起，泡冷水搓洗並瀝乾水分。

*2* 在調理碗內倒入 **A** 混合拌勻，再加入韭菜混拌，靜置 2 ～ 3 分鐘。

*3* 將麵條盛入容器，放上鯖魚和泡菜，淋上 *2* 即完成。

**+α**

最後撒些**白芝麻**或淋些**辣油**也很好吃喔！

鮪魚香味
蔬菜拌蕎麥麵

麵條煮好後就不必再開火，清爽美味超簡單。

醬油

**〔材料與事前準備〕** 2 人份

冷凍蕎麥麵 … 2 塊　**或是** 冷凍烏龍麵 2 塊
　　　　　　　　　　　　麵線 3 束

油漬鮪魚罐頭 … 1 罐（70g）

　　**或是** P10 的常備雞胸肉 1/2 塊（撕開）
　　　　　 水煮鮪魚罐頭 1/2 罐（100g，瀝掉湯汁）

　▶ 瀝掉湯汁

茼蒿 … 50g　**或是** 豌豆嬰 50g（對半切）

　▶ 摘掉葉子，比較大的葉子對半切，梗的部分
　　斜切成薄片

茗荷 … 2 個

　▶ 對半縱切後，縱切成薄片

**A** 醬油 … 2 大匙
　　麻油 … 2 大匙
　　薑泥 … 1/2 個指節大小的量

**1** 煮一大鍋滾水，蕎麥麵下鍋，依包裝
標示的時間烹煮。用網篩撈起，泡冷
水搓洗並瀝乾水分。

**2** 在調理碗內倒入 **A** 混合拌勻，再加蕎
麥麵、鮪魚、茼蒿、茗荷混拌即完成。

+α

將切絲的**薑**或**青紫蘇**、**大蔥**加進作
法 **2** 裡也很好吃喔！

鮪魚豌豆芝麻炒麵

將材料鋪放在平底鍋，
蓋上鍋蓋燜煎即可！
烹調簡單，收拾也輕鬆。
鹽昆布完美整合味道。

**〔材料與事前準備〕** 2 人份

油麵 … 2 塊

油漬鮪魚罐頭 … 1 罐（70g） **或是** P10 的常備雞胸肉 1/2 塊（撕開）

▶ 瀝掉湯汁

豌豆 … 60g **或是** 綠蘆筍 3 根（斜切成薄片）／韭菜 50g（切成 5mm 長）

▶ 撕除筋絲

鹽昆布 … 10g

白芝麻 … 1 大匙

**A** 水 … 4 大匙

醬油 … 1 大匙

味醂 … 1 大匙

▶ 混合拌勻

*1* 將油麵攤平擺入平底鍋，依序鋪放豌豆、鮪魚、鹽昆布。淋上 **A** 後蓋上鍋蓋，以大火燜煎約 4 分鐘。

*2* 拿掉鍋蓋，加入白芝麻快速翻炒即完成。

**+α**

最後放些**柴魚片**或**海苔絲**也很好吃喔！

使用直徑 26cm 的平底鍋，油麵盡可能攤平，不要重疊。

魩仔魚番茄蛋炒麵

軟綿的炒蛋和炒到軟透的番茄真是絕配！

**〔材料與事前準備〕** 2 人份

油麵 … 2 塊

　▶ 依包裝標示微波加熱後撥散

魩仔魚 … 20g　**或是**　蟹肉棒 30g（稍微剁散）
　　　　　　　　　鮪魚罐頭 1/2 罐（35g，瀝掉湯汁）

蛋 … 3 顆

　▶ 攪散成蛋液

小番茄 … 10 個　**或是**　番茄 1 個（切成半月形塊狀）

　▶ 對半縱切

**A** 鹽 … 1 小撮

　 胡椒 … 少許

**B** 醬油 … 1 又 1/2 大匙

　 酒 … 1 又 1/2 大匙

　 砂糖 … 1/2 大匙

　 鹽 … 少許

　 胡椒 … 少許

　▶ 混合拌勻

沙拉油 … 1 大匙＋ 1/2 大匙

香菜（大略切碎）… 適量

醬油

酒

砂糖

鹽

胡椒

*1*　把蛋液、魩仔魚、小番茄、**A** 倒入調理碗內混拌。

*2*　在平底鍋內倒 1 大匙沙拉油，以大火加熱，倒入作法 *1* 大略翻炒，炒到蛋變成半熟狀態後盛起。

*3*　接著在作法 *2* 的平底鍋內倒 1/2 大匙沙拉油，以中火加熱，油麵和 **B** 下鍋快速拌炒。再倒入作法 *2*，快速翻炒。

*4*　盛入容器，擺上香菜即完成。

**+α**

最後淋些**辣油**也很好吃喔！

# 蟹肉滑蛋沾麵

剝散的蟹肉棒和麵裹在一起吃，美味升級！

醬油 醋 砂糖 鹽 胡椒

**〔材料與事前準備〕** 2 人份

中式生麵（粗麵）… 2 球　**或是** 麵線 3 束／冷凍烏龍麵 2 塊

蟹肉棒 … 100g　**或是** P10 的常備雞胸肉 1/2 塊（撕開）
鮪魚罐頭 1 罐（70g，瀝掉湯汁）

　▶ 稍微剝散

蛋 … 3 顆

　▶ 攪散成蛋液

**A** 鹽 … 1 小撮
　　胡椒 … 少許

**B** 水 … 250㎖
　　雞湯粉（顆粒）… 1 小匙
　　醬油 … 2 又 1/2 大匙
　　醋 … 1 又 1/2 大匙
　　砂糖 … 1 又 1/2 大匙
　　麻油 … 少許

　▶ 混合拌勻

沙拉油 … 2 大匙

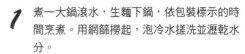

*1* 煮一大鍋滾水，生麵下鍋，依包裝標示的時間烹煮。用網篩撈起，泡冷水搓洗並瀝乾水分。

*2* 把蛋液、蟹肉棒、**A** 倒入調理碗內混拌。

*3* 在平底鍋內倒沙拉油，以大火加熱，倒入作法 *2* 大略翻炒，炒到蛋變成半熟狀態。

*4* 將麵條盛入容器，擺上作法 *3*。另取一容器，倒入 **B**，沾麵條享用。

**+α**

最後撒些**粗磨黑胡椒**，味道會更融合！

# 莎莎醬麵線

完成備料後，拌一拌即可享用！
西班牙風味的番茄醬汁清爽可口，
配麵線超對味。
最後擠些檸檬汁也很搭。

〔**材料與事前準備**〕2 人份

麵線 … 3 束　或是▶ 中式生麵（粗麵）2 球

番茄 … 2 個（300g）

　　▶ 切成 1cm 丁狀

**A** 橄欖油 … 3 大匙

　　醬油 … 1 又 1/2 大匙

　　洋蔥（磨成泥）… 1 大匙

　　檸檬汁 … 1 小匙

　　鹽 … 1/4 小匙

　　胡椒 … 少許

羅勒葉（建議可放）… 適量

*1* 煮一大鍋滾水，麵線下鍋，依包裝標示
的時間烹煮。用網篩撈起，泡冷水搓洗
並瀝乾水分。

*2* 在調理碗內倒入 **A** 混合拌勻，再加番
茄丁混拌，接著加麵線拌一拌。

*3* 盛入容器，擺上羅勒葉即完成。

**+α**

最後撒些**粗磨黑胡椒**，擺
些切成半月形塊狀的**檸檬**
或**萊姆**也很好吃喔！

# 金滑菇山藥泥蕎麥麵

**〔材料與事前準備〕** 2 人份

冷凍蕎麥麵 … 2 塊 ➡ 冷凍烏龍麵 2 塊
麵線 3 束

山藥 … 200g

　▶ 磨成泥

金滑菇 … 80g ➡ 秋葵 4 根（水煮後切片）
黃麻菜 50g（水煮後切碎）

紅紫蘇香鬆 … 1 小匙多一點 ➡ 醃梅 2 個（剁碎）

**A** 冷高湯 … 300㎖

　醬油 … 2 大匙

　砂糖 … 1/2 小匙

　鹽 … 1/4 小匙

　　▶ 混合拌勻

海苔粉 … 適量

**1** 煮一大鍋滾水，金滑菇下鍋，以小火
煮約 1 分鐘，用網篩撈起，瀝乾水分。
接著轉大火，蕎麥麵下鍋，依包裝標
示的時間烹煮。用網篩撈起，泡冷水
搓洗並瀝乾水分。

**2** 將蕎麥麵盛入容器，擺上山藥泥和金
滑菇。淋上 **A**，撒些紅紫蘇香鬆和海
苔粉。

最後放一顆**生蛋黃**也很好吃喔！

納豆豆腐蕎麥麵佐醃梅

滿滿植物性蛋白質！醃梅讓餘味變得更清爽。

〔材料與事前準備〕2 人份

冷凍蕎麥麵 … 2 塊　或是➡冷凍烏龍麵 2 塊

嫩豆腐 … 200g　或是➡山藥 200g（磨成泥）

納豆（附醬汁包）… 80g

　▶加醬汁混拌

醃梅 … 2 個（30g）

A 冷高湯 … 300㎖

　醬油 … 1 又 1/2 大匙

　砂糖 … 1/2 小匙

　鹽 … 1/2 小匙

　▶混合拌勻

*1* 煮一大鍋滾水，蕎麥麵下鍋，依包裝標示的時間烹煮。用網篩撈起，泡冷水搓洗並瀝乾水分。

*2* 在調理碗內倒入豆腐和納豆充分混拌，邊拌邊壓碎豆腐。

*3* 將蕎麥麵盛入容器，擺上 *2*，淋上 A、放醃梅即完成。

+α

最後撒些海苔粉也很好吃喔！

本書是使用鹽分 15% 的醃梅，鹽的分量請依醃梅的鹹度調整。

## 豆芽菜雞肉風味麵線

作法非常簡單！濃濃異國風彷彿來到國外的滋味。

【 材料與事前準備 】2 人份

麵線 … 2 束　**或是** 冷凍烏龍麵 2 塊／中式生麵（細麵）2 球

常備雞胸肉（請參閱 P10）… 1/2 塊　**或是** 豬或牛火鍋肉片 120g（水煮）

　▶ 切成薄片

豆芽菜 … 100g

紫洋蔥 … 1/4 個　**或是** 洋蔥 1/4 個

　▶ 切成薄片

**A** 水 … 700㎖

　雞湯粉（顆粒）… 1/2 大匙

　魚露 … 2 又 1/2 大匙

　鹽 … 少許

香菜（大略切碎）、萊姆（切成半月形塊狀）… 各適量

*1* 煮一大鍋滾水，麵線下鍋，依包裝標示的時間烹煮。用網篩撈起，泡冷水搓洗並瀝乾水分。

*2* 另取一鍋，倒入 **A** 混合拌勻，以大火煮滾後，加豆芽菜略煮，再加麵線煮熱。

*3* 盛入容器，擺上雞胸肉、紫洋蔥、香菜，旁邊放萊姆，擠汁後享用。

+α　最後放些**薄荷葉**也很好吃喔！

48

# 香菜檸檬麵線

清爽可口！

和鰹魚露的甜鹹滋味截然不同，

## 魚露

將生魚用鹽醃漬約一年，使其熟成的醬油（魚露），很合日本人的口味。鹽分依商品而異，請試吃味道，調整分量。

---

**〔材料與事前準備〕** 2 人份

麵線 … 3 束　或是➡ 中式生麵（粗麵）2 球

香菜 … 2 小株
　▶ 切成 1cm 長

**A** 水 … 300㎖
　雞湯粉（顆粒）… 1/2 大匙
　魚露 … 2 大匙
　檸檬汁 … 1 小匙
　辣椒（切片）… 適量
檸檬片 … 適量

*1* 煮一大鍋滾水，麵線下鍋，依包裝標示的時間烹煮。用網篩撈起，泡冷水搓洗並瀝乾水分。

*2* 在調理碗內倒入 **A** 混合拌勻，加香菜混拌。

*3* 將麵線盛入容器，擺上檸檬。另取一容器倒入作法 *2*，沾麵線享用。

---

 最後擺些切成薄片的**常備雞胸肉**（請參閱 P10）也很好吃喔！

肉燥青蔥魚露炒麵

儘管是用熟悉的配料，絞肉加魚露調味，味道就變得煥然一新。

**〔材料與事前準備〕** 2 人份

油麵 … 2 塊

豬絞肉 … 150g　**或是** ▶ 雞絞肉 150g

　▶ 加 2 大匙魚露、1 大匙醋、1 小匙
　砂糖、少許的鹽和黑胡椒混拌

青蔥 … 2 根　**或是** 大蔥 1/2 根（切成 5cm 長的細絲）
　　　　　　　韭菜 50g（切成 5cm 長）

　▶ 切成 5cm 長

水 … 4 大匙

花生（大略切碎）… 適量

*1* 將油麵攤平擺入平底鍋，鋪放絞肉。淋水後蓋上鍋蓋，以大火燜煎約 4 分鐘。

*2* 拿掉鍋蓋，拌炒約 1 分鐘至絞肉完全變色，再加青蔥快速翻炒。

*3* 盛入容器，撒上碎花生。

**+α** 將切片的**辣椒**加進作法 *1* 裡也很好吃喔！

# 蝦仁蛋炒麵

以泰國的招牌麵食炒河粉為概念的炒麵。

## 〔材料與事前準備〕2 人份

油麵 … 2 塊　或是▶ 麵線 3 束（水煮）
　▶ 依包裝標示微波加熱後撥散

蝦仁 … 150g　或是▶ 冷凍綜合海鮮 150g
　▶ 去除腸泥

蛋 … 3 顆
　▶ 攪散成蛋液，加少許的鹽和胡椒混拌

洋蔥 … 1/4 個　或是▶ 豆芽菜 100g
　▶ 切成薄片

A 魚露 … 1 又 1/2 大匙
　醬油 … 1/2 大匙
　砂糖 … 1/2 大匙
　鹽 … 少許
　胡椒 … 少許
　　▶ 混合拌勻

沙拉油 … 1 大匙 + 1/2 大匙
粗磨黑胡椒 … 少許

**1** 在平底鍋內倒 1 大匙沙拉油，以大火加熱，倒入蛋液大略翻炒，炒到蛋變成半熟狀態後盛起。

**2** 接著在作法 1 的平底鍋內倒 1/2 大匙沙拉油，以中火加熱，蝦仁和洋蔥下鍋拌炒。炒至蝦仁變色後，放入油麵和 A 一起炒，再將作法 1 倒回鍋中，快速翻炒。

**3** 盛入容器，撒上粗磨黑胡椒即完成。

+α 最後放些大略切碎的**香菜**也很好吃喔！

# 韓式風味涮豬肉拌麵

只用了鹽、胡椒和麻油卻十分美味！
最後擠些萊姆汁讓味道變得更有層次。
配料可隨意搭配，
做起來很方便的麵料理。

中式生麵（粗麵）… 2 球　**或是**　冷凍烏龍麵 2 塊
　　　　　　　　　　　　　　　麵線 3 束

豬里肌火鍋肉片 … 120g

　**或是**　P10 的常備雞胸肉 1/2 塊（撕開）
　　　　雞柳 2 條（加熱後撕開）

豌豆嬰 …… 100g　**或是**　水芹 90g
　　　　　　　　　　　　　　豆芽菜 100g

▶ 切除根部

**A** 麻油 … 2 大匙

　　鹽 … 1 小匙

　　粗磨黑胡椒 … 少許

萊姆（切片）… 適量

**1** 煮一大鍋滾水，豬肉片下鍋，以
小火煮至變色，用網篩撈起、放
涼。接著轉大火，生麵下鍋，依
包裝標示的時間烹煮。快煮好前
約 30 秒，放入豌豆嬰，一起用網
篩撈起，泡冷水搓洗並瀝乾水分。

**2** 在調理碗內倒入 **A** 混合拌勻，再
加入作法 *1* 混拌。

**3** 盛入容器，旁邊放上萊姆，擠汁
後享用。

**+α**

將**蒜泥**或**薑泥**加進作法 *2* 裡也很
好吃喔！

涮豬肉醋橘湯烏龍

醋橘的風味清爽可口，很適合在暖和的季節享用的烏龍麵。

**〔材料與事前準備〕** 2 人份

冷凍烏龍麵 … 2 塊 **或是** 麵線 3 束
中式生麵（粗麵）2 球

豬里肌火鍋肉片 … 120g

**或是** P10 的常備雞胸肉 1/2 塊（撕開）

▶ 切成薄片

醋橘 … 2 個 **或是** 酸橘 1 個
檸檬 1 個

**A** 水 … 300㎖

雞湯粉（顆粒）… 1/3 小匙

鹽 … 1 小匙

醬油 … 1/3 小匙

▶ 混合拌勻

**1** 煮一大鍋滾水，豬肉片下鍋，以小火煮至變色，用網篩撈起、放涼。接著轉大火，烏龍麵下鍋，依包裝標示的時間烹煮。用網篩撈起，泡冷水搓洗並瀝乾水分。

**2** 將烏龍麵盛入容器，擺上豬肉片和醋橘，淋上 **A** 即完成。

**+α**

最後放些**蘿蔔泥**也很好吃喔！

鹽

醬油

# 黃瓜醃肉炒麵

炒過的小黃瓜變得更甜，配麵、配肉都很搭。

鹽

酒

**〔材料與事前準備〕** 2 人份

油麵 … 2 塊

豬肉片 … 150g　**或是** 豬絞肉 150g

　▶ 加 1 大匙酒、1 小撮鹽、1 小匙太白粉揉拌

小黃瓜 … 2 條　**或是** 櫛瓜 1 條（切成半月形片狀）
　　　　　　　　　高麗菜 3 片（切細）

　▶ 對半縱切後，斜切成薄片

辣椒 … 1 根

　▶ 去籽

**A** 麻油 … 1 大匙

　　鹽 … 1 小匙

水 … 3 大匙

**1** 將油麵攤平擺入平底鍋，依序鋪放小黃瓜、豬肉片、辣椒。淋水後蓋上鍋蓋，以大火燜煎約 4 分鐘。

**2** 拿掉鍋蓋，加 **A** 拌炒約 1 分鐘，炒至肉片完全變色即完成。

**+α**

將**蒜末**或**薑末**加進作法 **1** 裡也很好吃喔！

　使用直徑 26cm 的平底鍋，油麵盡可能攤平，不要重疊。

雞肉萵苣湯麵線

煮過變軟的萵苣，
再多也吃得下！
一年四季皆適宜的麵線，
無論何時吃都很美味。

〔**材料與事前準備**〕2 人份

麵線 … 2 束　**或是** ▶冷凍烏龍麵 2 塊

常備雞胸肉（請參閱 P10） … 1/2 塊　**或是** ▶豬火鍋肉片 120g（水煮）

　▶去皮，撕成適口大小

萵苣 … 100g　**或是** ▶小松菜 100g（切成 4cm 長）
　　　　　　　　　　　高麗菜 2 片（撕碎）

　▶大略撕碎

**A** 水 … 700㎖

　　雞湯粉（顆粒）… 1/2 大匙

　　鹽 … 1 小撮

麻油 … 適量

*1* 在鍋內倒入 **A** 混拌，以大火煮滾後，加入麵線和雞胸肉，轉中火煮約 30 秒。

*2* 再加入萵苣煮一下，淋上麻油即完成。

**+α**

最後撒些**粗磨黑胡椒**，味道會更融合！

---

麵線不必先煮過，直接下鍋即可。因為麵線含鹽，在調味上鹽的分量可減少。　　**56**

西芹雞柳橄欖油拌麵

大量的橄欖油充分帶出
生芹菜的香氣與味道。
搭配低熱量的雞柳，
吃得滿足又健康。

**〔材料與事前準備〕** 2 人份

中式生麵（粗麵）… 2 球　或是▶ 麵線 3 束

雞柳（無筋）… 2 條（100g）　或是▶ P10 的常備雞胸肉 1/2 塊（撕開）

西洋芹 … 1/2 根（大）　或是▶ 水芹 50g（切成 4cm 長）／貝比生菜 50g

　▶莖的部分去除筋絲，斜切成薄片，葉的部分大略切碎

**A** 酒 … 1/2 大匙
　　鹽 … 1 小撮

**B** 橄欖油 … 2 大匙
　　鹽 … 3/4 小匙

*1* 在耐熱盤內放入雞柳、加 **A**，覆蓋保鮮膜，以微波加熱約 1 分 40 秒。不拿掉保鮮膜，利用餘熱燜熟雞肉，放涼後撕成適口大小。

*2* 煮一大鍋滾水，生麵下鍋，依包裝標示的時間烹煮。用網篩撈起，泡冷水搓洗並瀝乾水分。

*3* 將 **B** 倒入調理碗內混合拌勻，再加麵條、雞肉、西洋芹混拌即完成。

**+α**

最後撒些**起司粉**，擠些**檸檬汁**也很好吃喔！

香辣夠味的四川風味，吃完活力十足。

# 擔擔麵線

【 材料與事前準備 】2 人份

麵線 … 3 束

豬絞肉 … 150g　**或是** 牛絞肉 150g／豬肉片 150g

大蒜 … 1 瓣　**或是** 或是 1/2 個指節大小的薑

　▶ 切末

**A** 豆漿 … 300㎖

　　醬油 … 1 小匙

　　鹽 … 2/3 小匙

　▶ 混合拌勻

沙拉油 … 1 小匙

豆瓣醬 … 1 小匙

醬油 … 1/2 大匙

香菜（大略切碎）、辣油 … 各適量

鹽

醬油

最後擺些切絲的**小黃瓜**或**蔥白**、水煮過的**豆芽菜**，撒些**白芝麻**也很好吃喔！

**1** 在平底鍋內倒入沙拉油、豆瓣醬、蒜末，以中火爆香後，加絞肉拌炒。炒至絞肉變色後，加醬油混拌。

**2** 煮一大鍋滾水，麵線下鍋，依包裝標示的時間烹煮。用網篩撈起，泡冷水搓洗並瀝乾水分。

**3** 將麵線盛入容器，擺上作法 **1**、淋上 **A**，放些香菜、淋上辣油即完成。

# 肉末萵苣炒麵

萵苣稍微加熱，保留口感是重點。

鹽

酒

〔材料與事前準備〕2 人份

油麵 … 2 塊　　或是 冷凍烏龍麵 2 塊（水煮）／麵線 3 束（水煮）

　▶ 依包裝標示微波加熱後撥散

豬絞肉 … 150g　　或是 豬肉片 150g

　▶ 加 1 大匙酒、1 小撮鹽、1 小匙太白粉混拌

萵苣 … 150g　　或是 小松菜 150g（切成 4cm 長）
　　　　　　　　　　　高麗菜 3 片（撕碎）

　▶ 撕成一口大小

大蒜 … 1/2 瓣

　▶ 切成薄片

辣椒 … 1/2 根

　▶ 去籽，切片

麻油 … 1/2 大匙

鹽 … 3/4 小匙

**1** 在平底鍋內倒入麻油、蒜片、辣椒，以中火爆香後，加絞肉拌炒。

**2** 炒至絞肉變色後，加萵苣快速拌炒，再加入油麵和鹽翻炒。

**+α**

最後淋些**檸檬汁**，味道會很清爽喔！

# 培根蛋奶烏龍麵

熟悉的培根蛋奶麵，用烏龍麵做的話，味道意外地爽口，吃完不會覺得油膩。

**〔材料與事前準備〕** 2 人份

冷凍烏龍麵 … 2 塊

培根 … 2 片　　或是▶ 維也納香腸 2 條（斜切成薄片）

　▶ 切成 1cm 寬

鴻喜菇 … 100g　　或是▶ 喜歡的菇類 100g（切成一口大小）
　　　　　　　　　　　 小松菜 100g（切成 4cm 長）

　▶ 切除底部，分成小朵

**A** 蛋 … 2 顆

　牛奶 … 100㎖

　起司粉 … 3 大匙

　鹽 … 1/2 小匙

　蒜泥 … 少許

　▶ 混合拌勻

沙拉油 … 1/2 大匙

粗磨黑胡椒 … 少許

*1*　煮一大鍋滾水，烏龍麵下鍋，依包裝標示的時間烹煮。用網篩撈起，瀝乾水分。

*2*　在平底鍋內倒沙拉油，以中火加熱，鴻喜菇下鍋拌炒。炒至變軟後，加入培根快速翻炒，再加烏龍麵和 **A**，關火並快速混拌。

*3*　盛入容器，撒上粗磨黑胡椒即完成。

為了避免過度加熱，倒入蛋液後關火，快速混拌很重要。
這道料理是使用普通牛奶，若是用低脂或無脂牛奶，味道會變得較清淡。　**62**

培根的鮮味十足，所以不必用太多調味料。

〔 **材料與事前準備** 〕2 人份

麵線 … 3 束　**或是** ▶ 冷凍烏龍麵 2 塊

培根 … 4 片　**或是** ▶ 維也納香腸 4 條（斜切成薄片）
　　　　　　　　　　　鮪魚罐頭 1 罐（70g，瀝掉湯汁）

　　▶ 切成 1.5cm 寬

茄子 … 2 條　**或是** ▶ 櫛瓜 1 小條（切成半月形片狀）
　　　　　　　　　　　青椒 2 個（切絲）

　　▶ 切成 6 塊後，對半斜切

大蒜 … 1 瓣

　　▶ 切成薄片

**A** 鹽 … 3/4 小匙
　　醬油 … 少許

橄欖油 … 1/2 大匙＋2 大匙

最後撒些撕碎的**青紫蘇**也
很好吃喔！

*1*　煮一大鍋滾水，麵線下鍋，依包裝標示的時間烹煮。用網篩撈起，泡冷水搓洗並瀝乾水分後，拌入 1/2 大匙橄欖油。

*2*　在平底鍋內倒入 2 大匙橄欖油和蒜片，以中火爆香，加茄子拌炒。炒至變軟後，加入培根一起炒。

*3*　再放入麵線和 **A** 快速翻炒即完成。

鹽

醬油

## 高麗菜香腸湯麵線

麵線版的義大利湯麵。

**〔材料與事前準備〕** 2 人份

麵線 … 2 束　　或是 冷凍烏龍麵 2 塊

維也納香腸 … 4 條　　或是 培根 4 片（切成 1cm 寬）
　　　　　　　　　　　　　鮪魚罐頭 1 罐（70g，瀝掉湯汁）

　　▶ 斜切成薄片

高麗菜 … 2 大片（120g）　或是 菠菜 100g（切成 4cm 長）
　　　　　　　　　　　　　　　萵苣 2 大片（切成一口大小）

　　▶ 切成一口大小

**A** 水 … 700㎖

　高湯粉（顆粒）… 1/2 大匙

　鹽 … 1 小撮

　胡椒 …… 少許

起司粉 …… 適量

**+α**

將切成薄片的**洋蔥**或**水煮玉米粒罐頭**加進作法 **1** 裡也很好吃喔！

**1** 在鍋內倒入 **A** 混合拌勻，以大火煮滾後，加維也納香腸和高麗菜，轉中火煮 2～3 分鐘。

**2** 煮至高麗菜變軟後，加麵線煮約 1 分鐘。

**3** 盛入容器，撒上起司粉即完成。

麵線不必先煮過，直接下鍋即可。因為麵線含鹽，調味時鹽的分量可減少。

# 水芹鱈魚卵拌麵

濃郁美味的鱈魚卵奶油，因為生水芹的爽脆口感而變得清爽，配麵線也很對味。

**〔 材料與事前準備 〕** 2 人份

冷凍烏龍麵 … 2 塊　　**或是**▶ 麵線 3 束

鱈魚卵……1 條（60g）　**或是**▶ 辣味明太子 1 條

　　▶ 刮出魚卵

水芹 … 60g

　　▶ 切成 4cm 長

**A** 奶油 … 15g

　　鹽 … 少許

海苔絲 … 適量

***1*** 煮一大鍋滾水，烏龍麵下鍋，依包裝標示的時間烹煮。用網篩撈起，瀝乾水分。

***2*** 在調理碗內倒入烏龍麵、鱈魚卵、**A** 大略混拌，再加水芹快速翻拌。

***3*** 盛入容器，擺上海苔絲即完成。

**+α**

加入**蔥花、蘿蔔嬰**也很好吃喔！

鮪魚海帶芽拌蕎麥麵

薑促進食欲！鮪魚和麻油香醇可口。

**（ 材料與事前準備 ）** 2 人份

冷凍蕎麥麵 … 2 塊　**或是**➡ 冷凍烏龍麵 2 塊／麵線 3 束

油漬鮪魚罐頭 … 1 罐（70g）　**或是**➡ 水煮鯖魚罐頭 1/2 罐（100g）

　　▶ 瀝掉湯汁

乾燥切片海帶芽 … 3g

　　▶ 泡水約 5 分鐘，泡至變軟後，擠乾水分

**A** 麻油 … 2 大匙

　　鹽 … 3/4 小匙

　　薑泥 … 1/2 個指節大小的量

白芝麻 … 適量

*1* 煮一大鍋滾水，蕎麥麵下鍋，依包裝標示的時間烹煮。用網篩撈起，泡冷水搓洗並瀝乾水分。

*2* 在調理碗內倒入 **A** 混合拌勻，再加蕎麥麵、鮪魚、海帶芽混拌。

*3* 盛入容器，撒上白芝麻即完成。

**+α**

將蔥白（或蘿蔔嬰）、加了醬汁的**納豆**加進作法 *2* 裡也很好吃喔！

蕎麥麵

香蒜辣椒小魚乾

用蕎麥麵做的香蒜辣椒麵也太好吃了吧！

鹽

**〔材料與事前準備〕** 2 人份

冷凍蕎麥麵 … 2 塊　**或是** ▸ 冷凍烏龍麵 2 塊　麵線 3 束

小魚乾 … 15g　**或是** ▸ 維也納香腸 2 條　（斜切成薄片）

小松菜 … 100g　**或是** ▸ 菠菜 100g

　▶ 切成 3cm 長

大蒜 … 2 瓣

　▶ 切末

辣椒 … 1 條

　▶ 去籽，切片

橄欖油 … 2 大匙

鹽 … 2/3 小匙

**+α**

最後放一顆**荷包蛋**也很好吃喔！

*1* 煮一大鍋滾水，蕎麥麵下鍋，依包裝標示的時間烹煮。煮到一半時，舀取 70 ㎖ 的煮麵水備用。用網篩撈起麵條，泡冷水搓洗並瀝乾水分。

*2* 在平底鍋內倒入橄欖油、蒜末、辣椒，以小火爆香後，加小魚乾和小松菜，轉中火拌炒。

*3* 炒至小松菜變軟後，加蕎麥麵、煮麵水和鹽快速翻拌即完成。

蟹肉棒檸檬沾麵

清爽美味的鹽檸檬醬汁適合搭配各種麵類和配料。

**〔材料與事前準備〕** 2 人份

中式生麵（粗麵）… 2 球 或是 ▶ 麵線 3 束

蟹肉棒 … 100g 或是 ▶ 鮪魚罐頭 1 罐（70g，瀝掉湯汁）
水煮鯖魚罐頭 1/2 罐（100g，瀝掉湯汁）

　　▶ 稍微剝散

蘿蔔嬰 … 20g 或是 ▶ 洋蔥 1/4 個（切成薄片）

　　▶ 切除根部

**A** 水 … 300㎖

　雞湯粉（顆粒）… 1 小匙

　檸檬汁 … 1 大匙

　鹽 … 2/3 小匙

　砂糖 … 1/2 小匙

　　▶ 混合拌勻

**1** 煮一大鍋滾水，生麵下鍋，依包裝標示的時間烹煮。用網篩撈起，泡冷水搓洗並瀝乾水分。

**2** 將麵條盛入容器，擺上蟹肉棒和蘿蔔嬰。另取一容器倒入 **A**，沾麵條享用。

**+α**

最後擺些切絲的**小黃瓜**或**蘿蔔**也很好吃喔！

鹽

砂糖

魚板青菜柚香
湯烏龍

吃了令人舒心的好味道—想在柚子產季時品嚐的烏龍麵。

〔材料與事前準備〕2 人份

冷凍烏龍麵…2 塊　或是▶麵線 3 束

魚板…4cm　或是▶竹輪 1 條（斜切成薄片）

　▶切成 1cm 厚

小松菜…100g　或是▶或是 菠菜 100g

A 高湯…700㎖

　味醂…2 大匙

　鹽…1 又 1/4 小匙

　醬油…1/2 小匙

柚子皮（切細絲）…適量

1　一大鍋滾水，小松菜下鍋略煮，撈起泡冷水降溫，擠乾水分，切成 4cm 長。接著烏龍麵下鍋，依包裝標示的時間烹煮。用網篩撈起，瀝乾水分。

2　另取一鍋，倒入 A 混合拌勻，以大火煮滾。

3　將烏龍麵盛入容器，淋上作法 2，擺上魚板、小松菜、柚子皮絲即完成。

最後撒些七味辣椒粉也很好吃喔！

# 西班牙冷湯風味沾麵

把材料混拌而已,做起來出乎意料的簡單。
看起來很華麗,其實只是
清爽的西班牙冷湯當作沾醬。
用洋蔥泥和小黃瓜做成

〔**材料與事前準備**〕2 人份

中式生麵(粗麵)… 2 球　或是▶ 麵線 3 束

小黃瓜 … 1/2 條　或是▶ 櫛瓜 1/4 條

　▶ 切成 5mm 丁狀

**A** 番茄汁(無添加食鹽)… 400㎖

　橄欖油 … 2 大匙

　檸檬汁 … 1 大匙

　鹽 … 1 又 1/4 小匙

　洋蔥泥 … 1 小匙

　▶ 混合拌勻

*1* 煮一大鍋滾水,生麵下鍋,依包裝標示
的時間烹煮。用網篩撈起,泡冷水搓洗
並瀝乾水分。

*2* 將麵條盛入容器,另取一容器倒入 **A**,
擺上小黃瓜丁,沾麵條享用。

**+α**

將**辣椒醬**加進 **A** 裡也
很好吃喔!

簡易版的韓國麵料理，泡菜香辣夠味！

# 豆漿冷麵

**（材料與事前準備）** 2 人份

中式生麵（粗麵）……2 球 **或是**➡ 麵線 3 束

水煮蛋 … 1 顆 **或是**➡ 溫泉蛋 2 顆

　　▶ 對半橫切

韓式泡菜（切塊）… 100g

小黃瓜 … 1/2 條 **或是**➡ 蘿蔔嬰 60g（切除根部）
　　　　　　　　　　　櫛瓜 1/4 條（切成 5cm 長的細絲）

　　▶ 切成 5cm 長的細絲

**A** 豆漿 … 400㎖
　│ 鹽 … 1 小匙

　　▶ 混合拌勻

白芝麻 … 適量

鹽

**1** 煮一大鍋滾水，生麵下鍋，依包裝標示的時間烹煮。用網篩撈起，泡冷水搓洗並瀝乾水分。

**2** 將麵條盛入容器，淋上 **A**，擺上泡菜、小黃瓜絲、水煮蛋，撒些白芝麻即完成。

**+α**

最後淋些**辣油**也很好吃喔！

半熟水煮蛋是將退冰至室溫的蛋與足以蓋過蛋的水量以鍋子加熱，煮滾後轉中小火煮約 7 分鐘。　　**74**

豆
腐
雪
菜
芝
麻
炒
麵

用雪菜做出完美調味！以豆腐為主角的健康炒麵。

**（材料與事前準備）** 2 人份

油麵…2 塊　**或是**▶冷凍烏龍麵 2 塊（水煮）

　▶依包裝標示微波加熱後撥散

板豆腐…120g　**或是**▶嫩豆腐 120g（瀝乾水分）

　▶掰成略大塊狀，用廚房紙巾包住，擠出水分

雪菜（已切碎）…100g

白芝麻…1 又 1/2 大匙

麻油…1 大匙

鹽…1/3 小匙

*1* 在平底鍋內倒麻油，以中火加熱，豆腐和雪菜下鍋拌炒，邊炒邊壓碎豆腐。

*2* 炒至豆腐變得焦黃鬆散後，放油麵、白芝麻、鹽快速翻炒。

**+α**

將撕開的**常備雞胸肉**（請參閱 P10）、**豆瓣醬**加進作法 *2* 裡，做成微辣口味也很好吃喔！

來一碗異國風味麵！

## 台灣風味拌麵

輕鬆重現台灣的人氣料理，
請充分拌勻好好享用！

**〔材料與事前準備〕** 2人份

中式生麵（細麵）… 2 球　**或是▶** 冷凍烏龍麵 2 塊

豬絞肉 … 200g　**或是▶** 牛絞肉 200g

韭菜 … 50g

　▶ 切除接近根部較粗的部分，切成 5cm 寬

蛋黃 … 2 顆　**或是▶** 溫泉蛋 2 顆

**A** 酒 … 2 大匙

　蠔油 … 1 大匙

　醬油 … 1/2 大匙

　蒜泥 … 少許

　▶ 混合拌勻

沙拉油 … 1/2 大匙

柴魚片、海苔絲 … 各適量

*1* 煮一大鍋滾水，生麵下鍋，依包裝標示的時間烹煮。用網篩撈起，瀝乾水分。

*2* 在平底鍋內倒沙拉油，以中火加熱，絞肉下鍋炒散。炒至變色後，加 **A** 炒到整體均勻入味。

*3* 將麵條盛入容器，擺上作法 *2*、韭菜、柴魚片、海苔絲、蛋黃，拌一拌之後享用。

**+α** 最後放些**蔥花**（或**薑泥**）、**白芝麻**，擠些**檸檬汁**也很好吃喔！

蠔油

台式的獨特調味料，經常用於熱炒料理。和麵很對味，除了鮮味和風味，濃郁的滋味容易統合整體的味道。

蠔油香菇雞烏龍麵

濃郁醇厚的湯汁很特別。

〔材料與事前準備〕2 人份

冷凍烏龍麵 … 2 塊　**或是**➡ 冷凍蕎麥麵 2 塊／麵線 3 束

雞腿肉 … 150g　**或是**➡ 豬五花薄切肉片 150g（切成 3cm 長）
　　▶ 切成一口大小

香菇 … 3 朵　**或是**➡ 喜歡的菇類 50g（切成一口大小）
　　　　　　　　　　豆芽菜 50g
　　▶ 切除菇柄後，切成薄片

**A** 水 … 300ml
　　雞湯粉（顆粒）… 1 小匙
　　蠔油 … 2 大匙
　　醬油 … 1 小匙
　　砂糖 … 1/2 小匙
一味辣椒粉 … 適量

*1* 把 **A** 倒入鍋中混拌，以大火煮滾後，放雞腿肉和香菇，轉中小火煮約 3 分鐘。

*2* 另外煮一大鍋滾水，烏龍麵下鍋，依包裝標示的時間烹煮。用網篩撈起，泡冷水搓洗並瀝乾水分。

*3* 將烏龍麵盛入容器，另取一容器盛入作法 *1*，撒上一味辣椒粉，沾烏龍麵享用。

+α　將切成薄片的**大蔥**或**洋蔥**加進作法 *1*，再把**豆瓣醬**加進 **A**，做成微辣口味也很好吃喔！

和蠔油非常對味！
炒得熱騰騰的小黃瓜

蝦仁黃瓜
上海風味炒麵

〔 **材料與事前準備** 〕2 人份

油麵 … 2 塊

蝦仁 … 150g　或是 豬／雞絞肉 150g

　▶ 去除腸泥

小黃瓜 … 2 條　或是 豌豆嬰 50g（對半切）

　▶ 切成 4 塊後，依長度切成 4 等分

**A** 蠔油 … 1 又 1/2 大匙

　醬油 … 1 大匙

　酒 … 1 大匙

　▶ 混合拌勻

水 … 4 大匙

粗磨黑胡椒 … 少許

檸檬（切成半月形塊狀）… 適量

*1* 將油麵攤平擺入平底鍋，依序鋪放小黃瓜、蝦仁。淋上水和 **A** 後蓋上鍋蓋，以大火燜煎約 4 分鐘。

*2* 拿掉鍋蓋，拌炒約 1 分鐘至蝦仁完全變色。

*3* 盛入容器，撒上粗磨黑胡椒。旁邊放上檸檬，擠汁後享用。

 將**蒜泥**或**薑泥**加進 **A** 裡也很好吃喔！

豆芽菜蠔油炒麵

在濃厚的滋味之中，
櫻花蝦的風味畫龍點睛。

**〔材料與事前準備〕** 2 人份

油麵⋯2 塊

豆芽菜⋯⋯200g　**或是**→ 洋蔥 1/2 個（切成薄片）
　　　　　　　　　　大蔥 1 根（斜切成薄片）

韭菜⋯⋯25g　**或是**→ 青蔥 2 根

　　▶ 切成 5cm 長

櫻花蝦⋯3 大匙

**A** 蠔油⋯2 大匙

　酒⋯1 大匙

　醬油⋯1/2 大匙

　薑泥⋯1/2 個指節大小的量

　　▶ 混合拌勻

水⋯4 大匙

**1** 將油麵攤平擺入平底鍋，依序鋪放豆芽菜、韭菜、櫻花蝦。淋上水和 **A** 後蓋上鍋蓋，以大火燜煎約 4 分鐘。

**2** 拿掉鍋蓋，拌炒約 1 分鐘至整體均勻入味。

**+α** 最後撒些**粗磨黑胡椒**，味道會更融合！

**〔材料與事前準備〕** 2 人份

冷凍烏龍麵 … 2 塊　**或是** ➡ 麵線 3 束

豬肉片 … 150g

　　▶ 加 2 大匙的味噌和味醂揉拌

茄子 … 2 條

　　▶ 對半縱切後，斜切成 1cm 寬

　　　**或是** 或是 水煮竹筍 150g（切成薄片）
　　　水煮玉米粒罐頭 1 罐（120g，瀝掉湯汁）

沙拉油 … 2 大匙

水 … 2 大匙

青紫蘇、白芝麻 … 各適量

**1**　煮一大鍋滾水，烏龍麵下鍋，
　　依包裝標示的時間烹煮。用網
　　篩撈起，瀝乾水分。

**2**　在平底鍋內倒入茄子和沙拉油
　　拌裹，鋪平後擺上豬肉片。淋
　　水後蓋上鍋蓋，以中火燜煎約
　　4 分鐘。拿掉鍋蓋，加烏龍麵
　　拌炒。

**3**　盛入容器，擺上撕碎的青紫
　　蘇，撒些白芝麻即完成。

**+α**

最後撒些**一味辣椒粉**也很好
吃喔！

味噌茄子
豬肉炒烏龍

豬肉、茄子、味噌是黃金組合！
豬肉用味噌醃過後，
風味溫潤恰到好處。
用竹筍做也很對味。

高麗菜肉片味噌沾麵

微辣的沾醬令人欲罷不能，吃都吃不膩。

味噌

醬油

**〔材料與事前準備〕** 2 人份

冷凍烏龍麵 …2 塊 　或是 麵線 3 束

豬里肌火鍋肉片 …120g

　或是 P10 的常備雞胸肉 1/2 塊（切成薄片）

高麗菜 … 2 片（100g）　或是 萵苣 3～4 片
青江菜 1 小株

▶ 切成一口大小

**A** 水 … 250㎖

　雞湯粉（顆粒）… 1 小匙

　味噌 … 1 又 1/2 大匙

　白芝麻 … 1 大匙

　醬油 … 1/2 小匙

　豆瓣醬 … 1/2 小匙

　蒜泥 … 少許

**+α**

將**小魚乾**加進 **A** 裡也很好吃喔！

*1* 煮一大鍋滾水，依序放入高麗菜、豬肉片，各自以小火略煮，用網篩撈起、放涼。接著轉大火，烏龍麵下鍋，依包裝標示的時間烹煮。用網篩撈起，泡冷水搓洗並瀝乾水分。

*2* 另取一鍋倒入 **A** 混合拌勻，以大火煮滾。

*3* 將烏龍麵盛入容器，擺上高麗菜和豬肉片。另取一容器倒入作法 *2*，沾烏龍麵享用。

味噌豬五花蔥味
烏龍麵

加了滿滿的大蔥，吃了讓身體暖起來。

味噌

**〔材料與事前準備〕** 2 人份

冷凍烏龍麵 2 塊　**或是➡** 麵線 3 束（水煮）

豬五花薄切肉片… 120g　**或是➡** 豬／牛肉片 120g

　▶ 切成 5cm 長

大蔥（整枝使用）… 1 根　**或是➡** 洋蔥 1/2 個（切成薄片）

　▶ 斜切成 5cm 寬

**A** 高湯 … 800㎖
　味噌 … 3 大匙

一味辣椒粉 … 適量

*1*　把 **A** 倒入鍋中混合拌勻，以大火煮滾後，放豬肉片和蔥段，轉中火煮 1～2 分鐘。煮至豬肉變色後，加烏龍麵煮約 3 分鐘。

*2*　盛入容器，撒上一味辣椒粉即完成。

**+α**

最後撒些**白芝麻**也很好吃喔！

　這道料理是直接使用冷凍烏龍麵烹煮。

# 炸醬涼麵

重口味的炸醬，
搭配大量蔬菜變得很健康。
蔬菜不必切很方便，
一下子就做好了。

## 〔材料與事前準備〕2 人份

中式生麵（粗麵）… 2 球　**或是** 冷凍烏龍麵 2 塊

豬絞肉 … 150g

小黃瓜 … 1 條　**或是** 番茄（小）1 個（切成半月形塊狀）

　▶用擀麵棍敲出裂痕，掰成適口大小

皺葉萵苣 … 2 片（40g）　**或是** 萵苣 1～2 片

　▶撕成一口大小

**A** 味噌 … 2 大匙

　水 … 2 大匙

　醬油 … 1/2 大匙

　砂糖 … 1/2 大匙

　太白粉 … 1 小撮

　▶混合拌勻

麻油 … 1 小匙

豆瓣醬 … 1/2 小匙

美乃滋 … 適量

**1** 煮一大鍋滾水，生麵下鍋，依包裝標示的時間烹煮。用網篩撈起，泡冷水搓洗並瀝乾水分。

**2** 在平底鍋內倒入麻油和豆瓣醬，以中火爆香後，加絞肉拌炒。炒至絞肉變色後，加 **A** 拌炒至稍微變稠。

**3** 將麵條盛入容器，擺上作法 **2**、小黃瓜、皺葉萵苣，旁邊擠些美乃滋。

**+α**

最後放一顆**溫泉蛋**，將**白芝麻加**進 **A** 裡也很好吃喔！

# 鯖魚冷湯烏龍麵

放上滿滿的夏季蔬菜與佐料，
清爽美味！
淡淡味噌香的湯汁
使整體味道變得柔和順口。

**〔材料與事前準備〕** 2 人份

冷凍烏龍麵……2 塊　　**或是** 冷凍蕎麥麵 2 塊
　　　　　　　　　　　　　　麵線 3 束

水煮鯖魚罐頭……1 罐（200g）　**或是** 鯖魚罐頭 2 罐（1 罐 70g）

　▶ 瀝掉湯汁，稍微撥散

小黃瓜 … 1 條　　**或是** 櫛瓜 1/2 條

　▶ 切成薄片，撒少許鹽快速混拌，靜置約 5 分鐘後擠乾水分

茗荷 … 2 個

　▶ 切成薄片

青紫蘇 … 5 片

　▶ 切成細絲

**A** 冷水 … 100㎖

　　味噌 … 1 又 1/2 大匙

　　醬油 … 1/2 大匙

　　砂糖 … 1 小匙

　▶ 混合拌勻

白芝麻粉 … 適量

*1* 煮一大鍋滾水，烏龍麵下鍋，依包裝
標示的時間烹煮。用網篩撈起，泡冷
水搓洗並瀝乾水分。

*2* 將烏龍麵盛入容器，擺上鯖魚、小黃
瓜、茗荷、青紫蘇，淋上 **A**、撒些白
芝麻粉。

**+α**

最後撒些薑絲也很好
吃喔！

芝麻味噌菠菜炒麵線

味噌口味的炒麵線新奇美味！

〔 材料與事前準備 〕2人份

麵線 … 3 束　**或是** 冷凍烏龍麵 2 塊

竹輪 … 3 根（90g）　**或是** 鮪魚罐頭 1 罐（70g，瀝掉湯汁）

　▶ 對半縱切後，斜切成 5mm 寬

菠菜 …150g　**或是** 豆芽菜 100g
　　　　　　　　 小松菜 150g（切成 5cm 長）

　▶ 切成 5cm 長

**A** 味噌 … 1 又 1/2 大匙

　　味酬 … 1 又 1/2 大匙

　　醬油 … 1 大匙

　　白芝麻粉 …… 1 大匙

　▶ 混合拌勻

麻油 … 1 小匙

沙拉油 … 1/2 大匙

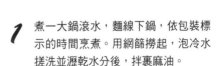

將切成薄片的**洋蔥**或斜切成薄片的**大蔥**和菠菜加在一起也很好吃喔！

**1** 煮一大鍋滾水，麵線下鍋，依包裝標示的時間烹煮。用網篩撈起，泡冷水搓洗並瀝乾水分後，拌裹麻油。

**2** 在平底鍋內倒沙拉油，以中火加熱，菠菜下鍋拌炒。炒至變軟後，加竹輪一起炒，再加麵線和 **A** 快速翻炒。

味
噌
豆
芽
菜
炒
麵

用手邊現有的材料三兩下就能做好，很特別的味噌炒麵。

---

味
噌

味
醂

醬
油

胡
椒

鹽

**〔材料與事前準備〕** 2 人份

油麵⋯⋯2 塊 <sub>或是</sub> 冷凍烏龍麵 2 塊（水煮）

▶ 依包裝標示微波加熱後撥散

蛋⋯2 顆

豆芽菜⋯200g <sub>或是</sub> 豌豆嬰 100g（對半切）

**A** 味噌⋯2 大匙

味醂⋯2 大匙

醬油⋯1/2 大匙

粗磨黑胡椒⋯少許

▶ 混合拌勻

沙拉油⋯1 小匙＋1 小匙

鹽、粗磨黑胡椒⋯各少許

海苔粉⋯適量

**+α**

最後放些 **紅薑絲** 也很好吃喔！

*1* 在平底鍋內倒 1 小匙沙拉油，以中大火加熱，打入蛋，撒些鹽和粗磨黑胡椒調味，煎至喜歡的熟度後取出。

*2* 接著在作法 *1* 的平底鍋內倒 1 小匙沙拉油，以大火加熱，豆芽菜下鍋拌炒。炒至變軟後，加油麵和 **A** 快速翻炒。

*3* 盛入容器，擺上作法 *1*、撒些海苔粉即完成。

滿滿一盤的翠綠小黃瓜賞心悅目！

# 黃瓜絲豆香沾麵

味噌

鹽

〔 **材料與事前準備** 〕2 人份

麵線 … 3 束 **或是 ▶** 中式生麵（粗麵）2 球

小黃瓜……2 條 **或是 ▶** 櫛瓜 1 條

　　▶ 刨成細絲

**A** 豆漿 … 300㎖
　　味噌 … 2 大匙
　　鹽 … 1/4 小匙

　　▶ 混合拌勻

黑芝麻 … 適量

*1* 煮一大鍋滾水，麵線下鍋，依包裝標示的時間烹煮。用網篩撈起，泡冷水搓洗並瀝乾水分。

*2* 將麵線和小黃瓜絲盛入容器，撒上黑芝麻。另取一容器倒入 **A**，沾麵線享用。

**+α**

將**豆瓣醬**或**辣油**加進 **A** 裡，做成微辣口味也很好吃喔！

90

味噌燉白菜湯麵線

寒冷季節喝了好暖身的麵線湯。

味
噌

**〔材料與事前準備〕** 2 人份

麵線 … 2 束 ┃**或是**▶ 冷凍烏龍麵 2 塊

油炸豆皮 … 2 片 ┃**或是**▶ 竹輪 2 條（斜切成薄片）
　　　　　　　　　　　魚板 50g（切成 1cm 厚）

　▶ 對半橫切後，切成 2cm 寬，用廚房紙巾吸除油分

白菜 … 2 片（150g）┃**或是**▶ 高麗菜 3 片

　▶ 切成一口大小

**A** 高湯 … 800㎖
　│ 味噌 … 1 大匙

青蔥（切成蔥花）… 適量

**1** 把 **A** 倒入鍋中混合拌勻，以大火煮滾
後，放油炸豆皮和白菜，轉中火煮約
3 分鐘。煮至白菜變軟後，加麵線煮
約 1 分 30 秒。

**2** 盛入容器，撒上青蔥花即完成。

**+α**

最後撒些**一味辣椒
粉**也很好吃喔！

　麵線不必先煮過，直接下鍋即可。因為麵線含鹽，味噌的分量可減少。

來一碗異國風味麵！

茄子肉片咖哩沾麵

吃膩了鰹魚露，請試試這道！
咖哩的味道令人一吃上癮。

---

**〔材料與事前準備〕** 2人份

麵線 … 3束　**或是➡** 冷凍烏龍麵2塊

豬肉片 …… 100g　**或是➡** 豬五花薄切肉片（切成5cm長）
　　　　　　　　　　　牛肉片100g

茄子 … 1條　**➡** 或是 大蔥1根（斜切成薄片）
　　　　　　喜歡的菇類100g（切成一口大小）
　▶ 斜切成1cm寬後，切成1cm見方的條狀

**A** 高湯 … 300㎖

　醬油 … 2大匙

　味醂 … 2大匙

　咖哩粉 … 2小匙

*1* 把 **A** 倒入鍋中混合拌勻，以大火煮滾後，
　放豬肉片和茄子，轉中火煮約2分鐘。

*2* 另外煮一大鍋滾水，麵線下鍋，依包裝標
　示的時間烹煮。用網篩撈起，泡冷水搓洗
　並瀝乾水分。

*3* 將麵線盛入容器，另取一容器盛入作法 *1*，
　沾麵線享用。

**+α** 將**牛蒡絲**或**薑絲**加進作法 *1* 裡也很好吃喔！

## 咖哩粉

咖哩粉的味道會因為混合的香料而改變，請選用喜歡的產品。如果是做給小朋友吃，減少用量沒關係。

牛肉鮮菇炒麵線

炒麵線的咖哩口味進化版，口感超豐富。

---

〔 **材料與事前準備** 〕2 人份

麵線 … 3 束　或是➡ 冷凍烏龍麵 2 塊

牛肉片 … 150g　或是➡ 豬五花薄切肉片 150g（切成 5cm 長）
　▶ 撒上少許的鹽和胡椒

舞菇 … 100g　或是➡ 喜歡的菇類 100g（切成一口大小）
　▶ 分成適口大小

洋蔥 … 1/4 個
　▶ 切成薄片　或是➡ 大蔥 1/2 根（斜切成薄片）

**A** 醬油 … 2 大匙
　│ 酒 … 2 大匙
　│ 咖哩粉 … 1 小匙
　▶ 混合拌勻

麻油 … 1/2 大匙

沙拉油 … 1 小匙

*1* 煮一大鍋滾水，麵線下鍋，依包裝標示的時間烹煮。用網篩撈起，泡冷水搓洗並瀝乾水分後，拌裹麻油。

*2* 在平底鍋內倒沙拉油，以中火加熱，牛肉片下鍋拌炒。炒至變色後，加舞菇和洋蔥一起炒。

*3* 炒至洋蔥變軟後，加麵線和 **A** 快速翻炒即完成。

+α　將**蒜泥**或**薑泥**加進 **A** 裡也很好吃喔！

大人小孩都愛的味道。
炒過的番茄味道更棒！

# 番茄咖哩炒麵

**〔材料與事前準備〕** 2 人份

油麵 … 2 塊
▶ 依包裝標示微波加熱後撥散

牛豬混合絞肉 … 200g　或是 ▶ 牛絞肉 200g
牛肉片 200g

番茄（小）… 2 個（250g）
▶ 切成 8 塊

大蒜 … 1/2 瓣
▶ 切末

**A** 水 … 70㎖
　番茄醬 … 2 大匙
　蠔油 … 1 大匙
　鹽 … 1/4 小匙
▶ 混合拌勻

沙拉油 … 1/2 大匙

咖哩粉 … 1 大匙

**1** 在平底鍋內倒入沙拉油和蒜末，以中火爆香後，加絞肉拌炒。炒至變色後，加咖哩粉炒至沒有粉粒的狀態，再加番茄和 **A** 一起炒。

**2** 炒至整體均勻入味，稍微變稠後，放油麵快速翻炒即完成。

 將**薑末**和**蒜末**加在一起，放一顆**溫泉蛋**也很好吃喔！

竹輪咖哩湯烏龍

這道咖哩烏龍麵有著令人懷念的滋味，最後也可用太白粉水勾芡。

〔材料與事前準備〕2人份

冷凍烏龍麵…2塊　或是▶麵線3束

竹輪…3條（90g）　或是▶豬五花薄切肉片100g（切成5cm長）
　　　　　　　　　　　　豬肉片100g

　▶斜切成1cm寬

大蔥（整枝使用）…1根

　▶斜切成1cm寬

A　高湯…700㎖

　味醂…3大匙

　醬油…2又1/2大匙

　咖哩粉…2小匙

　鹽…1/3小匙

*1* 煮一大鍋滾水，烏龍麵下鍋，依包裝標示的時間烹煮。用網篩撈起，瀝乾水分。

*2* 另取一鍋，倒入 **A** 混合拌勻，以大火煮滾後，放竹輪和蔥段，轉中火煮約2分鐘。再加烏龍麵，略煮一會兒即完成。

 將剝散的**鴻喜菇**（或**舞菇**）、**豆芽菜**和竹輪、蔥段加在一起也很好吃喔！

五味坊 125

# 5 分鐘煮好麵

炒麵、湯麵、涼麵、沾麵，只用基本調味料、簡單食材，料理新手、忙碌工作
者都能快速變出低鹽、少熱量、美味又實惠的一餐

| | | |
|---|---|---|
| 原　書　名 —— | 基本調味料で作る 5 分麵 | 【日文版製作人員】 |
| 作　　　者 —— | 市瀨悅子 | 攝　　影 —— 佐佐木美果 |
| 譯　　　者 —— | 連雪雅 | 布置設計 —— 駒井京子 |
| 總　編　輯 —— | 王秀婷 | 文　　字 —— 佐藤友惠 |
| 主　　　編 —— | 洪淑暖 | 編　　輯 —— 小田真一 |
| 美 術 編 輯 —— | 于 靖 | |
| 版　　　權 —— | 徐昉驊 | |
| 行 銷 業 務 —— | 黃明雪、林佳穎 | |

發　行　人 —— 凃玉雲
出　　　版 —— 積木文化
　　　　　　　104 台北市民生東路二段 141 號 5 樓
　　　　　　　電話：(02)2500-7696　傳真：(02)2500-1953
　　　　　　　官方部落格：http://cubepress.com.tw
　　　　　　　讀者服務信箱：service_cube@hmg.com.tw

發　　　行 —— 英屬蓋曼群島商家庭傳媒股份有限公司城邦分公司
　　　　　　　台北市民生東路二段 141 號 2 樓
　　　　　　　讀者服務專線：(02)25007718-9
　　　　　　　24 小時傳真專線：(02)25001990-1
　　　　　　　服務時間：週一至週五 09:30-12:00、13:30-17:00
　　　　　　　郵撥：19863813　戶名：書虫股份有限公司
　　　　　　　網站　城邦讀書花園 | 網址：www.cite.com.tw

香港發行所 —— 城邦（香港）出版集團有限公司
　　　　　　　香港灣仔駱克道 193 號東超商業中心 1 樓
　　　　　　　電話：+852-25086231　傳真：+852-25789337
　　　　　　　電子信箱：hkcite@biznetvigator.com

新馬發行所 —— 城邦（馬新）出版集團 Cite (M) Sdn Bhd
　　　　　　　41, Jalan Radin Anum, Bandar Baru Sri Petaling, 57000 Kuala Lumpur, Malaysia.
　　　　　　　電話：(603) 90578822　傳真：(603) 90576622
　　　　　　　電子信箱：cite@cite.com.my

封 面 設 計 —— 郭家振
製 版 印 刷 —— 上晴彩色印刷製版有限公司

KIHON CHOMIRYO DE TSUKURU 5FUN MEN by ETSUKO ICHISE
© ETSUKO ICHISE 2021
Originally published in Japan by SHUFU-TO-SEIKATSU SHA Ltd., Tokyo.
Traditional Chinese translation rights arranged with SHUFU-TO-SEIKATSU SHA Ltd., Tokyo.
through AMANN CO., LTD., Taipei.
Complex Chinese translation copyright © 2022 by Cube Press, a division of Cite Publishing Ltd.

【印刷版】
2022 年 4 月 7 日　初版一刷
售　價／NT$ 350
ISBN　978-986-459-396-5
Printed in Taiwan.

【電子版】
2022 年 4 月
ISBN　978-986-459-397-2（EPUB）
版權所有・翻印必究

國家圖書館出版品預行編目 (CIP) 資料

五味坊煮好麵：炒麵、湯麵、涼麵、沾麵,只用基本調味料、簡單食材,
料理新手、忙碌工作者都能快速變出低鹽、少熱量、美味又實惠的
一餐 / 市瀨悅子著；連雪雅譯 . -- 初版 . -- 臺北市：積木文化出版：英
屬蓋曼群島商家庭傳媒股份有限公司城邦分公司發行, 2022.04
　面；　公分 . --（五味坊；125）
　　ISBN 978-986-459-396-5（平裝）

1.CST: 麵食食譜

427.38　　　　　　　　　　　　　　　　　　　111003058